Bibliografische Information der Deutschen Nationalbibliothek:

Die Deutsche Bibliothek verzeichnet diese Publikation in der Deutschen National-bibliografie; detaillierte bibliografische Daten sind im Internet über http://dnb.d-nb.de/ abrufbar.

Impressum:

Copyright © 2009 GRIN Verlag, Open Publishing GmbH
Druck und Bindung: Books on Demand GmbH, Norderstedt Germany
ISBN: 9783640505074

Dieses Buch bei GRIN:

http://www.grin.com/de/e-book/141624/irland-der-keltische-tiger-auf-dem-sprung

Vincent Große

Irland - Der Keltische Tiger auf dem Sprung?

Martin-Luther-Universität Halle-Wittenberg

Irland.
Der „Keltische Tiger" auf dem Sprung.

vorgelegt von: Vincent Große

Naturwissenschaftliche Fakultät III
Institut für Geowissenschaften
Fachgebiet Wirtschaftsgeographie

Halle/Saale, 30.01.2009

Inhalt

1. Einleitung 3

2. Naturräumlich gegebene Bedingungen 3

3. Gesellschaftsgeschichtliche und wirtschaftliche Entwicklung der letzten Jahrzehnte 5

    3.1 Wirtschafts- und Sozialentwicklung bis 1945 5

    3.2 Wirtschafts- und Sozialentwicklung nach 1945 6

    3.3 Wirtschafts- und Sozialentwicklung ab 1990 8

4. Wirtschaftsstruktur Irlands 14

    4.1 Sektoren 15

    4.2 Importe und Exporte 18

5. Irland als Mitglied der europäischen Union 20

6. Zusammenfassung und Ausblick 21

7. Literatur 23

Verzeichnis der Abbildungen

Abbildung 1 - 11 sind entnommen aus: PFENNIG, Annett (2007): Strukturpolitische Instrumente im Vergleich zwischen „Keltischer Tiger" Irland und „Lahme Ente" Ostdeutschland (Beiträge zur europäischen Integration aus der FHVR Berlin); Fachhochschule für Verwaltung und Rechtspflege Berlin
Abbildung 12 ist dem Statistischen Jahrbuch Irland 2008 entnommen.

ABBILDUNG 1 - FÖRDERVOLUMEN IN IRLAND

ABBILDUNG 2 - BILDUNGSNIVEAU 2002 IM VERGLEICH

ABBILDUNG 3 - ARBEITSLOSENQOUTENENTWICKLUNG

ABBILDUNG 4 - WANDERUNGSSALDEN IN IRLAND

ABBILDUNG 5 - AUSGABEN FÜR FORSCHUNG UND ENTWICKLUNG, PRO 1000 EINWOHNER

ABBILDUNG 6 - AUSGABEN FÜR FORSCHUNG UND ENTWICKLUNG, ANTEIL AM BIP

ABBILDUNG 7 - PATENTANMELDUNGEN NACH INTERNATIONALEN PATENTKLASSIFIKATIONEN

ABBILDUNG 8 - DIE DREI-SEKTOREN-HYPOTHESE IN IRLAND

ABBILDUNG 9 - ANTEIL DER WIRTSCHAFTSSEKTOREN AN DER GESAMTBESCHÄFTIGUNG IRANDS

ABBILDUNG 10 - AREBITNEHMER NACHWIRTSCHAFTSSEKTOREN

ABBILDUNG 11 - BESCHÄFTIGUNGSENTWICKLUNG IM IRISCHJEN DIENSTLEISTUNGSSEKTOR

ABBILDUNG 12 - BALANCE OF TRADE

1 Einleitung

Seit der Öffnung Irlands für internationale Firmen in den 50er Jahren und dem Beitritt zur Europäischen Union (1973 Beitritt zur Europäischen Wirtschaftsgemeinschaft), nahm der Inselstaat am wirtschaftlichen Aufschwung teil. Gerade die europäische Förderpolitik hat einen wesentlichen Beitrag dazu geleistet: den Ausgleich zwischen armen und reichen Ländern. Regionale Disparitäten sollten durch Investitionen in die Infrastruktur, in die Wirtschaft, in die Technik und in das Verkehrswesen ausgeglichen werden. In der Folge siedelte sich eine große Anzahl von ausländischen Unternehmen an, die Arbeitslosigkeit sank und das Bruttoinlandsprodukt wuchs rasant.

Dieser Entwicklung geschuldet wird Irland in Anlehnung an die südostasiatischen Tigerstaaten als *Keltischer Tiger* bezeichnet. Sie zeigt wie rasant sich ein Staat vom oft betitelten *Armenhaus Europas* zu einer namhaften Industrienation entwickelt.

In der Arbeit sollen kurz naturräumliche gegebene Bedingungen und die gesellschaftsgeschichtliche Entwicklung umrissen und zudem die wirtschaftliche Entwicklung in den zurückliegenden Jahrzehnten beleuchtet werden. Im Fokus stehen der wirtschaftliche Aufschwung in den 90er Jahren des 20. Jahrhunderts und die derzeitige Wirtschaftsstruktur. Anschließend kann ein aktueller Blick auf die politische Situation gewagt werden: Irland lehnte 2008 durch ein Referendum den Vertrag von Lissabon ab. Aktuelle Entwicklungstendenzen in Zeiten fortschreitender Globalisierung und der Weltfinanzkrise werden angesprochen: Der Inselstaat sieht sich gegenwärtig in der Rezession, der *Keltische Tiger* kommt an der Weltwirtschaftskrise nicht vorbei.

2 Naturräumlich gegebene Bedingungen

Einen ausführlichen Bericht zur Landeskunde Irlands veröffentlichte Helmut JÄGER im Jahr 1990. Seine schlicht betitelte Landeskunde *Irland*, wird in zahlreichen Abhandlungen zitiert und als Standardwerk deklariert (vgl. MÜLLER 1999).

Die Republik Irland teilt sich die irische Insel mit dem britischen Nordirland im ungefähren Verhältnis von eins zu fünf. Die Irische See trennt die beiden großen Inseln und bemisst an der kürzesten Stelle zwischen Irland und Schottland eine Entfernung von etwa 30 km. Süd-, West- und Nordküste Irlands sind vom Atlantik umgeben.

Großen Einfluss auf die gesamte Entwicklung des Staates hatten (und haben) die Randlage Irlands sowie die Nähe zum benachbarten Großbritannien. MÜLLER begründet in seinem Band *Regionalentwicklung Irlands*, dass „sich wirtschaftliche, politische und soziale Entwicklungen der Zentren Europas dem Land nur zögernd mitgeteilt [haben] oder wurden mit Gewalt aufgezwungen" damit, weil „sich die Bevölkerung Irlands gegenüber den verschiedenen Strömungen meist passiv verhielt und selbst [...] keine eigenen Impulse setzen konnte." (MÜLLER 1999, S.23)

Die natürliche Grenze durch die Insellage schafft eine Isolation in vielfältiger Hinsicht. Dieses Phänomen wurde bereits, für Flora und Fauna beschrieben, in der Evolutionstheorie 1859 von Charles Darwin begründet. Weiterreichend benutzt MÜLLER den Begriff der Insularität, mit dem er die Abgeschiedenheit der Insel beschreibt. Der Begriff geht über die Isolation hinaus und schließt die Merkmale Exklusivheit und Kleinheit der Insel mit ein. So entstehe ein psychologisches Moment, das „sich in der persönlichen Entfaltung und in einem spezifischen insularen Verhalten manifestiert." (MÜLLER, S.24).

Irland wird oft als *Grüne Insel* bezeichnet, dennoch ist das vorherrschende Bild eine eher baumarme Weidelandschaft: weniger als 5 % sind bewaldet. Torfmoore bedecken einen großen Teil Mittelirlands. An der Westküste ist der Boden nur in geringem Maße fruchtbar und nur bedingt landwirtschaftlich nutzbar. Hier bestimmen Heide- und Buschvegetation das Bild der Landschaft. Die Oberflächenform ist vielgestaltig: während die Peripherie recht hügelig ist, flacht das Relief im Zentrum tendenziell ab, wenngleich es durch vereinzelte Hügel von bis zu 500 Metern Höhe gestört ist. Am stärksten zergliedert ist die Westküste, der Südwesten birgt, wie auch der Osten, die längsten Bergketten, der Südwesten ist von breiten Halbinseln gekennzeichnet, die durch tiefe Buchten voneinander getrennt sind.

Der warme Golfstrom reguliert das Klima: er sorgt im Winter wie auch im Sommer für milde Temperaturen. Frost oder Schnee gibt es hier äußerst selten. Die jährlichen Niederschläge betragen zwischen 2540 mm in den südwestlichen Bergen und 762 mm im Osten. Diese recht hohen Niederschläge im Westen stellen einen der wenigen Gunstfaktoren für die Landwirtschaft dar, obgleich es dadurch zum Auswaschen der Nährstoffe kommt. Nährstoffreiche Braunerden gibt es vor allem im Osten des Landes bei Belfast. Daraus resultierend ergibt sich ein Ost-West-Gegensatz. Die Regionen im Osten und Südosten können als begünstigt betrachtet werden. (vgl. JÄGER 1990)

Irland hat, vom Torf abgesehen, nur kleinere Vorkommen an Bodenschätzen. So sind vor allem in Nordirland Kohle-, Eisen- und Bauxitvorkommen sowie Kupfer-, Blei-Zink- und Steinsalzlager zu finden. Die Bedeutung dieser Vorkommen war (und ist) jedoch für die wirtschaftliche Entwicklung des Landes nur gering. Ebenso wenig Bedeutung wird den Flüssen, die nur mäßig schiffbar sind, beigemessen. Sogar die größten Flüsse (Blackwater, Shannon, Clare) sind nur bedingt für den (industriellen) Transport nutzbar, da sie nur langsam fließen - die Quellhöhe liegt bei nur 76 Metern - und zudem von den Gezeiten erheblich beeinflusst werden (MÜLLER 1999).

3 Gesellschaftsgeschichtliche und wirtschaftliche Entwicklung der letzten Jahrzehnte

3.1 Wirtschafts- und Sozialentwicklung bis 1945

Für eine ausführliche historische Darstellung greift MÜLLER in seiner *Regionalentwicklung Irlands* bis zur Besiedelung Irlands im Jahr 3700 v.u.Z zurück und konstatiert, dass „wesentliche Entwicklungsimpulse Irland in vorkeltischer Zeit erst verspätet erreichten", was durch archäologische Funde von Gebrauchsgegenständen, beispielsweise der Hackenpflug um 400 v.u.Z., nachzuweisen sei (MÜLLER, S. 50). Er liefert einen weit reichenden Abriss über die Siedlungs-, Wirtschafts- und Sozialstruktur der keltischen Kultur, während der Christianisierung im Mittelalter bis zur Industrialisierung Irlands (bes. Nordirland) zu Beginn des 20sten Jahrhunderts. Diese Phase soll in dieser Arbeit jedoch nur eine untergeordnete Rolle spielen und einige Aspekte in wenigen Sätzen geschildert werden:

Immer wieder benennt er im Zusammenhang mit großer Armut des irischen Volkes die Bedürfnislosigkeit, Sorglosigkeit und Genügsamkeit der Iren. Dazu zitiert er Reiseberichte aus dem 17., 18. und 19. Jahrhundert, die oftmals in vergleichender Weise zum damaligen Lebenstandart Englands stehen. Und immer wieder seien den Iren exogene Strukturen des Handels und der Siedlungsweise erst durch die Wikinger, später durch die Engländer aufgezwungen worden. Auch die Christianisierung habe erheblichen Einfluss auf das begnügsame Leben der Iren. Der sich verzögernd entwickelnde Außenhandel wurde durch das merkantile England entschieden initiiert. Allerdings war die Insel zu diesem Zeitpunkt (ab 1541) britische Kolonie und daher zog das benachbarte Königreich zum großen Teil jegliches Kapital ab, so dass sich der Lebensstandart der Iren nur unwesentlich steigerte.

Ab dem 16. Jahrhundert wurden Gutsherren in Irland mit der Gründung von Märkten und Siedlungen beauftragt, sie sollten die Landwirtschaft markt- und exportorientiert gestalten. Das Wirtschaftssystem wurde u.a. mit technischen Neuerungen auf die florierenden europäischen Märkte ausgerichtet. Durch den zunehmenden Außenhandel gewannen Irlands Hafenstädte zunehmend an Bedeutung (bes. Dublin, Cork, Waterford). Diese Städte konnten dadurch eine überdurchschnittliche Entwicklung verzeichnen: Dublin war zu Beginn des 19. Jahrhunderts mit rund 200.000 Einwohnern die zweitgrößte Stadt des Britischen Königreichs (MÜLLER, S. 92).

Im Zeitalter der Industrialisierung vollzog sich besonders im Norden der Insel bedeutsames Wachstum. Die Leinenproduktion und der Export landwirtschaftlicher Produkte (Viehzucht) bildeten hierfür die Grundlage. Außerdem diente der Bau einer Eisenbahnstrecke im Norden als wichtiges Instrument für den wirtschaftlichen Aufschwung. Dem Süden der Insel fehlten benannte Impulse, so dass es zu keinen nachweisbaren Handel kam.

Ab 1921 wurde Irland offiziell eine sich selbst verwaltende Kolonie Englands. Das wirtschaftliche Ziel war es, sich durch die eigene Industrie selbst zu versorgen. Auch während des zweiten Weltkrieges genoss es ebendiesen Status, bis es am 18. April 1949 aus dem Commonwealth austritt und seitdem unabhängig ist (JÄGER, S.103).

3.2   Wirtschafts- und Sozialentwicklung nach 1945

Nach dem zweiten Weltkrieg, in dem Irland neutral bleibt, wurden die Weichen für eine progressive industrielle Entwicklung gestellt: Hierzu wurde 1949 die Industrial Development Authority (IDA) gegründet, eine Behörde, die den Ausbau des exportierenden industriellen Sektors fördern und die Ansiedlung ausländischer Unternehmen organisieren soll.

Nun kam es zur weiteren Technisierung der Agrar- und Landwirtschaft, die aus ebendiesem Grund immer weniger Arbeitskräfte benötigte. Der frisch keimende Industrie- und Dienstleistungssektor vermochte den Arbeitskräfteüberschuss nicht zu kompensieren. So war das Land in den 50er Jahren von hoher Arbeitslosigkeit und Emigration gekennzeichnet (MÜLLER, S.132).

Die IDA lockte mit massiven Steuervergünstigungen und Kapitalzuschüssen für Investoren erfolgreich viele ausländische Unternehmen an. So seien 1988 bereits über

43 % der Beschäftigten in ausländischen Unternehmen tätig gewesen. Die Arbeitslosenquote sank spürbar, die Zahl der Emigranten ebenfalls. Der Beitritt zur Europäischen Wirtschaftsgemeinschaft im Jahr 1973 und das Britisch-irische Freihandelsabkommen 1965 halfen, die Öffnung des irischen Marktes für ausländische Unternehmen voranzutreiben. So wurden neue Märkte vor allem in Europa erschlossen. Immer noch war Irland zu diesem Zeitpunkt eines der ärmsten Länder Europas und konnte als Ziel-1- Fördergebiet der EU mehrere Milliarden Euro Subventionsgelder in den Ausbau der Infrastruktur und in die Ansiedlungspolitik investieren. In den 1970er Jahren konnten Wachstumsbranchen wie Pharmazie, Elektronik und Elektrotechnik erfolgreich angesiedelt werden. Namhafte Global Player nahmen auf der Insel Fabriken in Betrieb. Wenngleich MÜLLER vom Dualismus der heimischen und ausländischen Industrie spricht und so auch Nachteile der Öffnung des irischen Marktes erwähnt, führt die positive wirtschaftliche Entwicklung nicht nur zu sinkenden Arbeitslosenzahlen, sondern auch zu einer gewissen Abnahme der Armut (vgl. SCHRÖDER 2005, S. 12) und einem verbesserten Bildungssystem. Die Arbeitskräfte mussten geschult werden und genossen eine entsprechende Ausbildung in den Hoch- oder Fachschulen der 18, in den 60er Jahren neu gegründeten, Ausbildungszentren. Die traditionell ausgerichtete einheimische Industrie profitierte nur wenig von den Multiplikatoreffekten der Neuansiedlungen. MÜLLER führt dies auf fehlende Integration zurück, zudem fehlten ihnen die technischen Kenntnisse und die Managementvoraussetzungen. Außerdem sei eine Vielzahl der Neuansiedlungen nur die verlängerte Werkbank der Konzerne und habe bereits bestehende Zulieferverträge. Der traditionellen heimischen Industrien, die vor allem in der Textil- und Nahrungsmittelproduktion sowie in der Holzverarbeitung tätig waren, gingen ab den 1980er Jahren viele Arbeitsplätze verloren, was durch ausländische Neuansiedlungen kompensiert werden konnte. Damit stieg aber auch die Abhängigkeit von der Entscheidungsgewalt ausländischer Unternehmen, auf die der Staat nur wenig Einfluss ausüben kann. PFENNIG spricht (parallel vergleichend mit Ostdeutschland) von einem „abhängigen Wachstum" (PFENNIG 2007). Seit Ende der 80er Jahre konnte die IDA bedeutende internationale Dienstleistungsunternehmen, besonders aus dem Versicherungs- und Finanzsektor anwerben. Auch deutsche Unternehmen (Commerzbank, Dresdner Bank) engagierten sich und stärkten Dublin als Finanzstandort (MÜLLER, S. 138).

In den 1990er Jahren sollte sich die wirtschaftliche Entwicklung noch beschleunigen.

3.3 Wirtschafts- und Sozialentwicklung ab 1990

Nach der Darstellung der historischen wirtschaftlichen Entwicklung Irlands soll nun die rezente Vergangenheit näher beleuchtet werden.

Nach einer Kehrtwende zu Beginn der 90er Jahre ist Irland in vielen Bereichen eine positive Entwicklung zu bescheinigen. Alle statistischen Angaben sind dem *Statistischen Jahrbuch 2006. Für das Ausland* entnommen.

Nach dem Vorbild der asiatischen Tigerstaaten gelang Irland bis in die jüngste Vergangenheit ein schnelles, aber stabiles Wachstum. Wirtschaftliche Wachstumsraten bis über 10 % pro Jahr waren erreicht worden. Die Arbeitslosenquote sank und der Anteil der Bevölkerung in Beschäftigung stieg. Doch wie ist dieser Sprung zu erklären? Auch in den 90er Jahren wurden ausländischen Investoren erhebliche Vergünstigungen geboten. Bis heute spielen ausländische Direktinvestitionen eine große Rolle. Subventionen, Steuernachlässe und niedrige Besteuerung der Gewinne gaben den Anreiz, sich auf der grünen Insel niederzulassen. Eine Graphik soll schematisch eine Tendenz des Fördervolumens durch die IDA zeigen (Abb. 1), die zum großen Teil Fördergelder aus EU- Mitteln akquiriert. Neben Global Player, die wie Pfizer, Citigroup, IBM, Coca-Cola, Siemens oder Merck, die (nicht ausschließlich) von Irland aus den europäischen Markt bedienen, beziehen zunehmend zukunftsorientierte Branchen, beispielweise die Internetfirma Facebook, die seit Oktober 2008 ihren Hauptsitz in Dublin hat, die Insel. Allerdings schrumpft das ausländische Engagement seit 2002 von noch 29 Mrd auf nur noch 11 Mrd US $ im Jahr 2005.

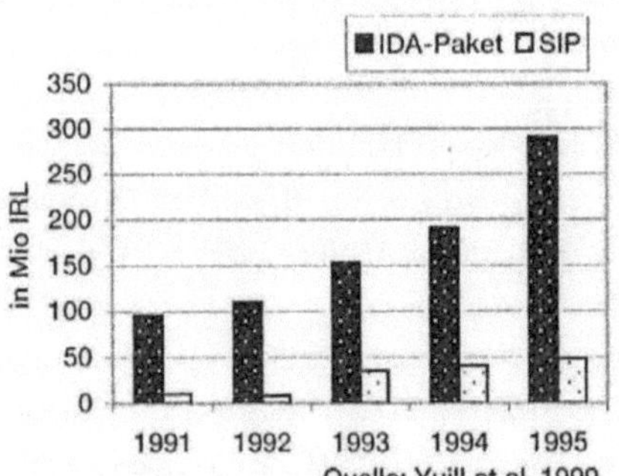

Abbildung 1: PFENNIG, Annett (2007)

Als weiteren bedeutsamen Faktor für den Aufschwung Irlands ist die zunehmend bessere Qualifikation der Arbeitskräfte anzusehen. Wie in 3.2 schon angedeutet, kam es in den 80er Jahren zum Entstehen von wichtigen Bildungszentren. Der Ausbau und die erhebliche Verbesserung des Bildungssystems wurde hauptsächlich durch europäische Fördergelder ermöglicht. Eine Graphik veranschaulicht das Bildungsniveau im Vergleich und konstatiert, dass über 30 % der irischen Bevölkerung einen hochrangigen Schulabschluss erreichen, es allerdings auch einen wesentlichen Anteil gibt, der nur gering qualifiziert ist, dieser aber bei der älteren Generation zu suchen sei (Abb. 2).

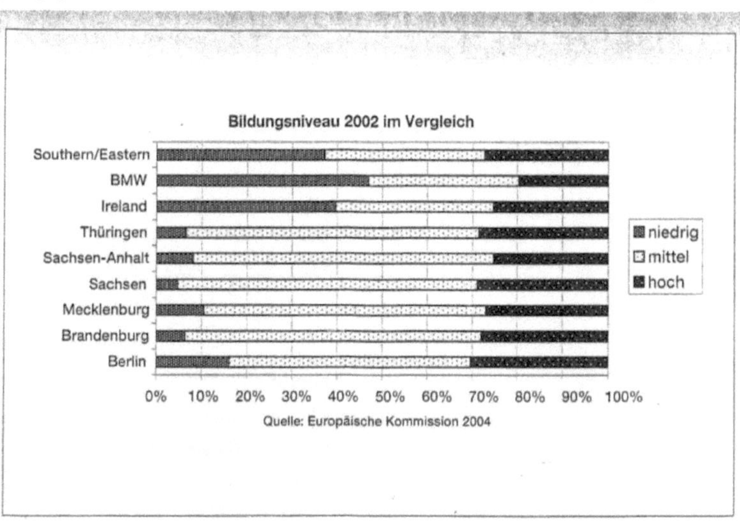

Abbildung 2: PFENNIG, Annett (2007)

Da der Beginn der 80er Jahre durch hohe Geburtenraten gekennzeichnet war, gibt es derzeit (Daten für 2005) einen recht großen Anteil der Bevölkerung im erwerbsfähigen Alter, die Statistik erfasst hierunter all jene von 15 bis 64 Jahren: 68 %. Folglich ist mit einem niedrigen Altenquotienten (über 65jährige - 11 %) und einem aktuell geringen Jugendquotienten (unter 15jährige - 20 %) zu rechnen. Seitdem die Arbeitslosenquote (Abb. 3, hier im Vergleich zu Deutschland und Ostdeutschland - dieser Vergleich soll in dieser Arbeit jedoch keine Rolle spielen) stark sank, gibt es zudem auch positive Wanderungssalden. Vor allem Reimmigranten und Osteuropäer tragen dazu bei.

Insgesamt stieg die Bevölkerungszahl innerhalb von drei Jahrzehnten um eine Million auf über 4 Millionen Einwohner im Jahr 2005.

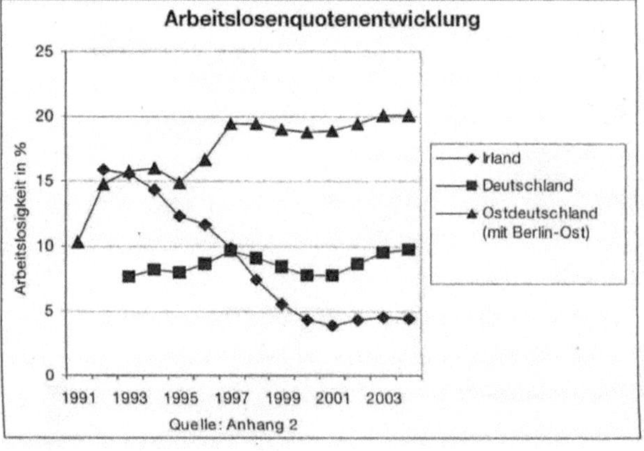

Abbildung 3: PFENNIG, Annett (2007)

Nach Jahrzehnten der Abwanderung kehrte sich der Saldo Anfang der 90er Jahre ins Positive um, Irland kann seither stetige Bevölkerungszuwächse (2000: +31.000; 2004: +48.000) verzeichnen. (Abb. 4) Anzumerken sei an dieser Stelle, dass die Zunahme der Bevölkerung wiederum zum erhöhten Absatz von Konsumgütern führt, die Binnenkonjunktur ankurbelt und auch dadurch im Effekt neue Arbeitsplätze geschaffen werden können. Auf weitere Auswirkungen, beispielweise auf die Sozialsysteme, die Lebenshaltungskosten, auf die Städte- und Wohnraumentwicklung oder auf geo-ökologische Folgeprobleme der Bevölkerungszunahme soll verzichtet werden.

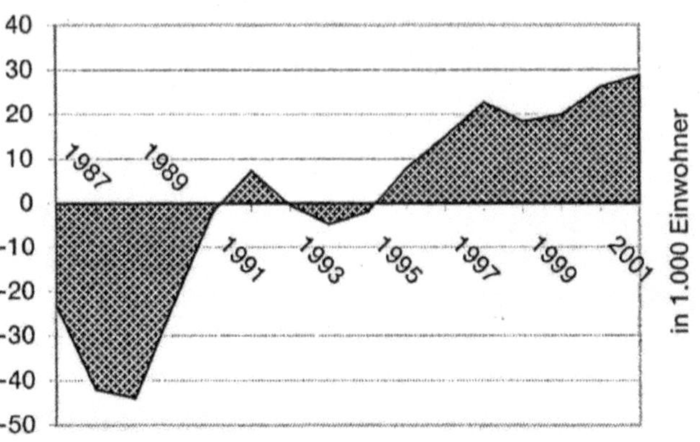

Abbildung 4: PFENNIG, Annett (2007)

Noch 1993 zählte die Insel mit einer Quote von rund 15 % über 200.000 Arbeitslose. Im Jahr 2000 lag diese nur noch bei 5,8 % (ca. 120.000 Arbeitslose) und konnte in den ersten Jahren des neuen Jahrhunderts weiter gesenkt werden (siehe Abb. 3). Das Statistische Jahrbuch für das Ausland 2006 gibt für das Jahr 2005 eine Quote von 4,3 %, dieser Wert entspricht nominal 89.000 Erwerbslosen. Parallel dazu entwickelte sich die Anzahl der Erwerbstätigen von 1.671.000 im Jahr 2000 auf 1.929.000 im Jahr 2005, wenngleich die Statistik nicht in Voll- und Teilzeitarbeitnehmer unterscheidet. Diese positiv zu deutende Entwicklung kommt im Effekt natürlich dem Sozialsystem zu Gute, da die Arbeitnehmer Abgaben leisten und an den Staat Steuern entrichten, die dieser wiederum investieren kann.

Auf der politischen Ebene konnte man nicht nur mit finanziellen Aspekten punkten, sondern legte auch sogenannte Beschäftigungspakte fest, die für die Beschäftigten beispielsweise Lohnzurückhaltung und längere Arbeitszeiten verstand. Im Konsens mit den Arbeitnehmern konnten so positive Effekte für weitere Investitionen erzielt werden. Hierzu kann auf die historisch beschriebene Genügsamkeit der Iren verwiesen werden, wie sie bereits in Kapitel 3.1 erwähnt wurde. Hinzu kamen die europäischen Transferzahlungen, da das Pro-Kopf-Einkommen Irlands lange Zeit unter 75 % des EU-Durchschnitts lag und es daher als Ziel-1- Region Fördergelder empfing. So konnten weitere Investitionen in die Infrastruktur (Straßenbau, Bildungswesen usw.) getätigt werden (PFENNIG 2007).

Besonders die Region um die Hauptstadt Dublin konnte und kann vom Aufschwung profitieren. Aufgrund der geographischen Nähe zu Großbritannien und infrastrukturellen Vorteilen - gut ausgebautes Verkehrssystem: zu nennen sei neben Straßen, besonders der Flug- und Seehafen sowie der bedeutsame Eisenbahnknotenpunkt - siedelten sich hier die meisten Unternehmen an (MÜLLER, S.142).

Die Entwicklung Irlands ist nicht nur für die Wirtschaft, sondern auch für den Staatshaushalt positiv zu werten: So hat sich das irische BIP zwischen 1990 und 2000 nahezu verdoppelt. Auch die Staatsverschuldung befindet sich in einer guten Lage: Nachdem die 80er von Defiziten gekennzeichnet waren, kann Irland nun seit 10 Jahren mit Überschüssen abschließen (2003 - 0,2 %; 2004 - 1,5 %; 2005 - 1 %). Außerdem liegt die Inflationsrate stabil und überschritt seit 2002 die Drei- Prozent- Marke nicht.

Allerdings ist hier, wie schon in Abschnitt 3.1, zu bemerken, dass diese von ausländischen Direktinvestitionen stark gelenkte Entwicklung eben immer noch zu einem erheblichen Teil von außen gesteuert wird. So fallen wichtige Entscheidungen - außer Betracht: der Einfluss der EU - in den Headquaters der US- amerikanischen oder auch deutschen Unternehmen, auf welche Irland nur bedingt Einfluss nehmen kann. Ein Indikator dafür, dass viele der irischen Unternehmen nur verlängerte Werkbänke der ausländischen Konzerne sind und nur den Markt mit Produkten bedienen sollen, belegen die Staatsausgaben: nur wenige Gelder fließen in die Forschung und Entwicklung. Ob nominal oder in Prozent des Bruttoinlandsproduktes, die Ausgaben für FuE sind im Vergleich gering. PFENNIG vergleicht in ihrem Buch *Strukturpolitische Instrumente im Vergleich zwischen „Keltischer Tiger" Irland und „Lahme Ente" Ostdeutschland* die genannten Regionen und benennt darin in dieser Statistik einen Vorteil, den sie in der Entwicklung Ostdeutschland im Vergleich zu Irland sieht. Allerdings bleibt es nahezu bei diesem einen Vorteil. Abbildungen 5 und 6 veranschaulichen das verhältnismäßig geringe Investitionsvolumen in Forschung und Entwicklung. Einhergehend damit kann ein direkter Zusammenhang zu den Patentanmeldungen gezogen werden, die ebenfalls im Vergleich relativ gering sind (Abb. 7). Irland ist offenbar keine ‚forschende' Nation. Auch die Zahlen für 2003 des Statistischen Bundesamtes belegen dies. Nur 1,1 % des BIP stellt der Inselstaat dafür zur Verfügung und nimmt im EU- Vergleich einen unteren Rang ein. Der EU-Mittelwert liegt bei 1,95 %, für Deutschland bei 2,55 % des BIP.

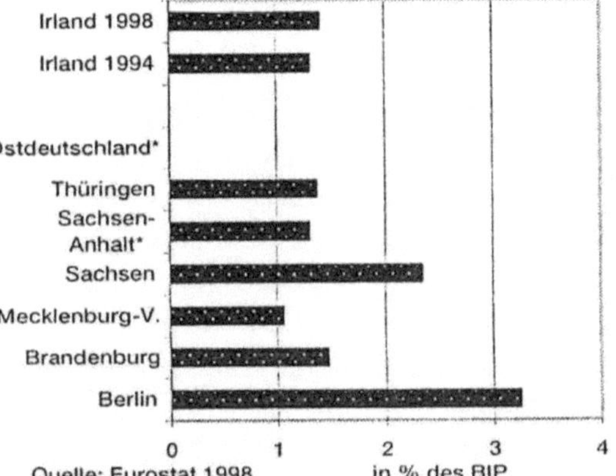

Abbildung 5: PFENNIG, Annett (2007)

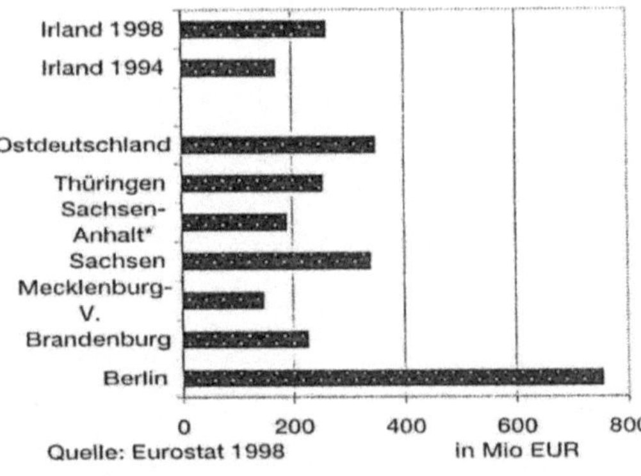

Abbildung 6: PFENNIG, Annett (2007)

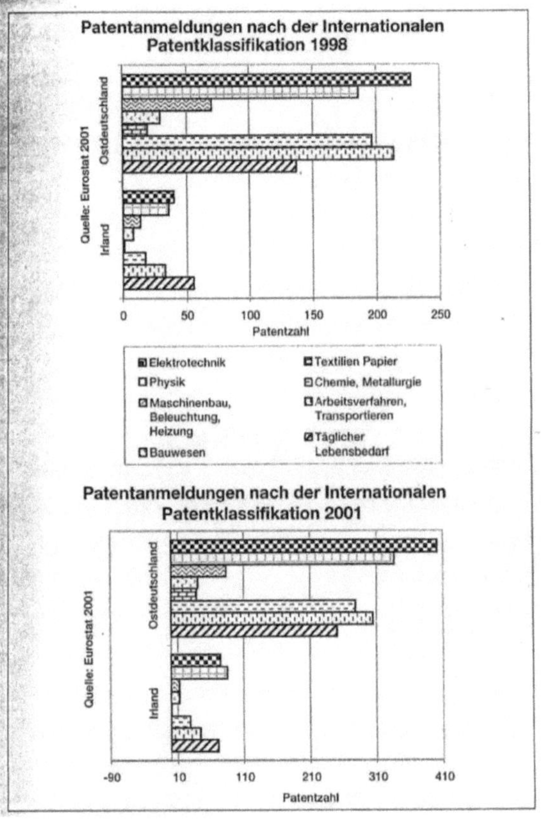

Abbildung 7: PFENNIG, Annett (2007)

4 Wirtschaftsstruktur Irlands

Die Wirtschaft der Nation Irland ist stark vom Export abhängig. Internationale Unternehmen organisieren von hier aus ihren Handel mit Europa oder produzieren hier für den europäischen Markt. In den zurückliegenden Jahren hat der Dienstleistungssektor stark an Bedeutung gewonnen: besonders Finanzdienstleistungen florieren. Dieses Kapitel soll die Handelsbeziehungen Irlands und die Wirtschaftssektoren näher beleuchten.

4.1 Sektoren

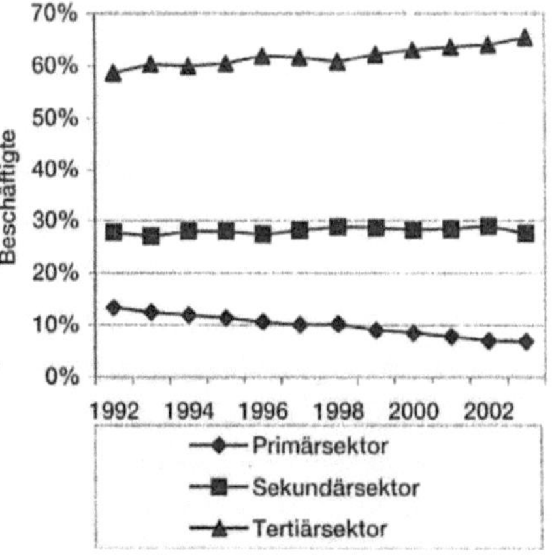

Abbildung 8: PFENNIG, Annett (2007)

Wie die obige Abbildung (Abb. 8) für die Jahre 1992 bis 2002 graphisch darstellt, benennt auch das Statistische Bundesamt für das Jahr 2005 ein weiteres Sinken des Arbeitnehmeranteils im Primärsektor (5,9 %), ein stagnierenden Anteil im Sekundärsektor (27,8 %) und einen Steigenden Anteil im Tertiärsektor (66,3 %). Nach FOURASTIÉs Drei-Sektoren-Hypothese befindet sich Irland also in der dritten Phase: der Dienstleistungsgesellschaft (vgl. KULKE 2004). Wenn man den historischen Transformationsprozess betrachtet, so ist festzuhalten, dass sich dieser innerhalb kürzester Zeit vollzog. Während Irland noch nach dem zweiten Weltkrieg als Agrarnation galt, konnte es sich im Vergleich zu Großbritannien, hier dehnte sich dieser Prozess auf über 200 Jahre aus, rasant zu einer modernen Dienstleistungsgesellschaft entfalten. Abbildung 9 stellt den Anteil der Wirtschaftssektoren an der Gesamtbeschäftigung noch einmal detaillierter vor. Tendenziell ist abzulesen, dass die Landwirtschaft sowie das produzierende Gewerbe binnen zehn Jahren deutlich an Kraft verlieren, dafür aber die Dienstleistungen auf hohem Niveau verharren und der

Finanzsektor besonders ab 1997 einen gewaltigen Entwicklungssprung macht. Allenfalls das Baugewerbe kann ebenfalls eine positive Entwicklung verzeichnen. Abbildung 10 zeigt die absoluten Beschäftigtenzahlen. Hier wird deutlich, welch immanenter Stellenwert dem Dienstleistungssektor der Nation zukommt.

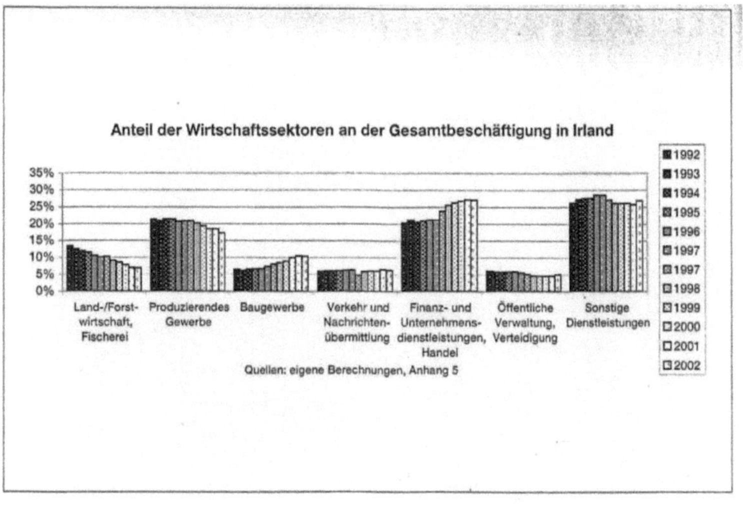

Abbildung 9: PFENNIG, Annett (2007)

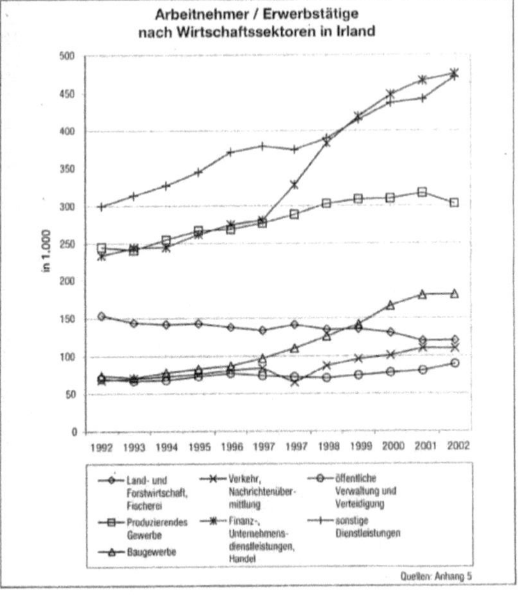

Abbildung 10: PFENNIG, Annett (2007)

Fokussiert man ausschließlich die Entwicklungsdynamik des Dienstleistungssektors, so lässt sich erkennen, dass auch hier alle Segmente ein positives Wachstum verzeichnen können (Abb. 11).

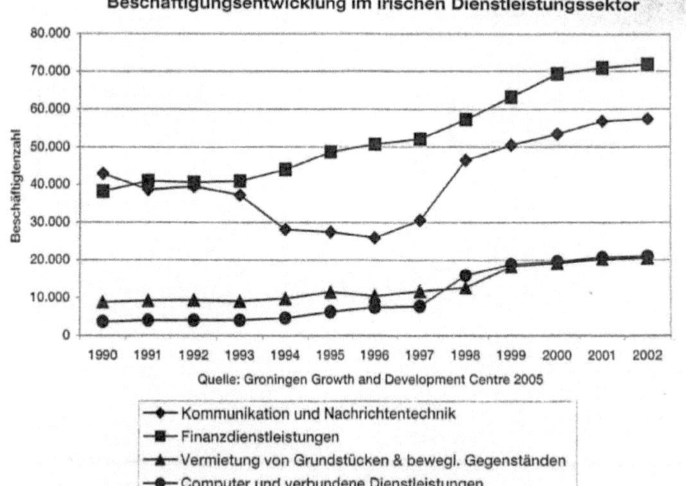

Abbildung 11: PFENNIG, Annett (2007)

In Anbetracht neuerer Theorien, die einen vierten wissensbasierten Sektor definieren, muss gesagt werden, dass dieser weder in der verwendeten Literatur (PFENNIG 2007) noch in den Publikationen des Statistischen Bundesamts separat betrachtet wird. Seine Substanz findet sich im tertiären Sektor wieder.

4.2   Importe und Exporte

Wie bereits beschrieben, ist die irische Wirtschaft stark vom Export abhängig. 2007 betrug der Export von Waren etwa 88,6 Mrd. Euro, der Warenimport 62,4 Mrd. Euro und somit einen Überschuss von rund 26,1 Mrd. Euro. Abbildung 12 zeigt den Verlauf der Im- und Exporte von 1991 bis 2007. Seitdem schließt der Außenhandel stets mit Überschüssen ab. Jedoch ist seit einigen Jahren ein verhältnismäßig kräftiges Wachstum der Importe bei stagnierendem Export zu verzeichnen, so dass der Außenhandelsüberschuss sinkt. Bemerkenswert ist, dass Irland in der EU nach Deutschland den zweitbesten Saldo des Warenhandels ausweist.

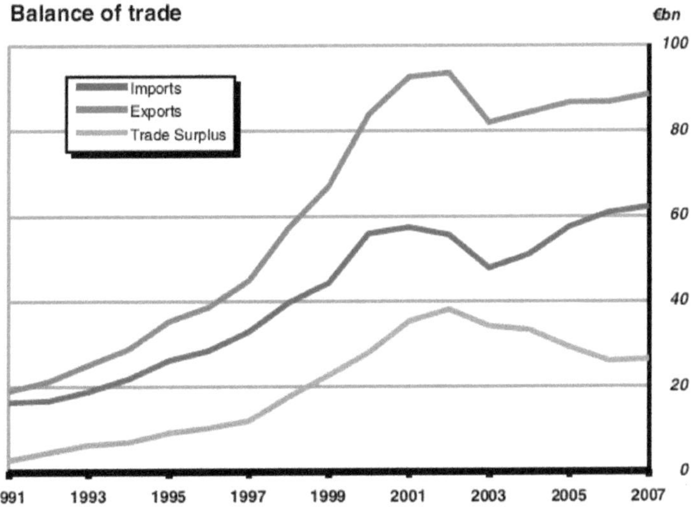

Abbildung 12: Statistisches Jahrbuch Irland 2008

Exporte

Der größte Exportmarkt Irlands sind die USA. Sie sind Abnehmer einer Ausfuhrsumme von nominal rund 15 Mrd. Euro, was einem Fünftel der Gesamtexporte entspricht. Es folgen Großbritannien (14 Mrd.), Belgien (12 Mrd.), Deutschland (6 Mrd.) und Frankreich (5 Mrd.). Nennenswert ist der enorme Zuwachs von knapp 50 % bei Exporten nach China, auch wenn der Anteil an den Gesamtexporten grade zwei Prozent erreicht. Exportiert werden vor allem chemische Erzeugnisse (45 % des Gesamtexportaufkommens), Maschinen und Elektrotechnik (26 %) und Fertigwaren (16 %). Landwirtschaftliche Produkte, Lebensmittel und Rohstoffe addieren sich auf lediglich 7 %.

Importe

Nahrungsmittel, besonders Obst und Gemüse, müssen importiert werden. Außerdem werden Mineralöle und chemische Erzeugnisse importiert. Die Haupthandelspartner sind wiederum Großbritannien, USA, Deutschland, China, Japan und Frankreich in ebendieser Reihenfolge (Statistisches Jahrbuch Irland 2008).

5   Irland als Mitglied der europäischen Union

1973 war das Jahr der ersten Erweiterung der damaligen Europäischen Gemeinschaft (EG). Gemeinsam mit Dänemark und dem Vereinigtem Königreich trat die Republik Irland der EG bei. Seitdem veränderte sich die *Grüne Insel*, wie in Kapitel 3 beschrieben, rasant. Ihr gelang ein wirtschaftlicher Aufschwung, der seinesgleichen sucht. Die Republik, die als Nutznießer des föderalen Systems der Europäischen Gemeinschaft über Jahre hin mit Milliarden subventioniert wurde, blockierte in jüngster Vergangenheit (12. Juni 2008) die Weiterentwicklung Europas, wenngleich sie sich weiterhin als EU-Befürworter sieht. So begrüßt sie die Verhandlungen mit der Türkei und deckt durch Zuwanderung ihren Arbeitskräftebedarf. Auf dem Weg zu einer europäischen Verfassung, boykottiert nun aber Irland als einziges Land den Vertrag von Lissabon durch ein Referendum, während die übrigen 26 EU-Mitgliedsstaaten eine Ratifizierung des Vertrags durch ihre Parlamente vollziehen. Der Vertrag von Lissabon soll der EU eine einheitliche Struktur und Rechtspersönlichkeit geben. Er wurde bei einem Gipfeltreffen 2007 beschlossen und sollte zum 01. Januar 2009 in Kraft treten, allerdings nur, wenn alle Mitgliedsstaaten zustimmen. Mehr Demokratie soll der Vertrag bringen, zudem soll mit ihm Stärke und Handlungsfähigkeit Europas in der Welt demonstriert werden.

Doch nun befindet sich die EU und ihre (bzw. unsere) Verfassung in einer institutionellen Krise, denn Irland ist das einzige Land, in dem das Volk über den Vertrag abstimmen darf, so ist es im irischen Grundgesetz verankert. Abgestimmt wurde bei einer geringen Wahlbeteiligung mit einem mehrheitlichen Nein. Kritiker bemängelten, dass kaum jeder einzelne Ire das Regelwerk in all seinen Einzelheiten verstehen vermag und empfinden eine Volksabstimmung als lästig. Die Oppositionellen entgegnen, dass Europa nicht hinter dem Rücken seiner Bürger geschaffen werden könne und ebendiese aktiv in den Entstehungsprozess miteingebunden werden müssten.

Im Dezember 2008 berieten die Regierungen der EU, ob der Vertrag durch ein zweites Referendum bis zum Ende des Jahres doch noch in Kraft treten könnte. Man wolle Irland entgegenkommen und die Ängste der Wähler entkräften. So soll das Land auch künftig, trotz Reduzierung derer Anzahl, einen Kommissar stellen dürfen, außerdem bleiben Kernbereiche der irischen Politik weiterhin von der EU unangetastet, so dass nationale Eigenständigkeit bei Fragen beispielsweise nach der Abtreibung oder in der Steuerpolitik bestehen bleibt. Abzuwarten bleibt das Votum im Herbst dieses Jahres (Spiegel Online).

6 Zusammenfassung und Ausblick

Das ehemalige Armenhaus Europas hat den Anschluss an die Wohlstandsgesellschaft Westeuropas gefunden, wenngleich dieser Prozess enorm durch exogene Kräfte gesteuert, zumindest beeinflusst wurde. Das rohstoffarme und einst schwach industrialisierte Land ist im internationalen Vergleich wettbewerbsfähig geworden und weist in vielen Bereichen einen hohen Standard aus. So konnte es in den vergangenen Jahren nicht nur mit hervorragenden Wirtschaftsdaten glänzen, sondern erreichte beispielsweise auch sehr gute Ränge im internationalen Bildungsvergleich der OECD (zum Beispiel PISA), wenngleich seine Entwicklung exogenen Faktoren zuzuschreiben ist.

Zu klären bleibt letztlich die Frage, ob im Jahr 2009 immer noch vom *Keltischen Tiger* in der Analogie zu den asiatischen Tigerstaaten gesprochen werden kann. Wenn der geschichtliche Verlauf beleuchtet wird, kann die Frage mit einem klaren Ja beantwortet werden. Jedoch wird Irland für das nun laufende Jahr keine optimistische Prognose gewährt. Nachdem das Bruttoinlandsprodukt bereits 2008 schrumpfte und das Staatsdefizit 6,3 % des BIP erreichte, geht man für das Jahr 2009 ebenfalls von sinkendem BIP, noch weiter steigende Neuverschuldung und einer Staatsverschuldung von über 10 % aus (vgl. Spiegel Online). Besonders die Baubranche, in der es zu massiven Stellenkürzungen kam, und der private Konsum seien arg schwächelnd. Das Auswärtige Amt spricht in einer Pressemitteilung (Dezember 2008) von derzeitiger Rezession und erheblicher Steigerung der Arbeitslosenquote auf bis zu 7,3 %. Dic Weltwirtschaftkrise habe die Republik, die besonders vom Export abhängig ist, ergriffen, da explizit die Exporte in das wichtigste Exportland, die USA, stark rückläufig seien. Durch Staatsverschuldung will Irland - wie viele andere Staaten auch angekündigt haben - versuchen, notwendige Investitionen in die Infrastruktur (Straßen, Gesundheitswesen, Schulen, Energieversorgung, usw.) zu verwirklichen und damit die Folgen der (Welt-) Wirtschaftskrise abzufedern. So will Irland ausländischen Investoren garantieren, weiterhin für Direktinvestitionen attraktiv und wettbewerbsfähig zu bleiben.

Gewagt sei nun ein Blick auf die Situation der „originalen" Tigerstaaten Ostasiens. Inwiefern sind sie von der internationalen Weltwirtschafts- und -finanzkrise betroffen? Auch an ihnen zieht ebendiese nicht spurlos vorbei, da ihre (Dienstleistungs-) Wirtschaft stark exportorientiert ausgerichtet ist. Nach großen Wachstumsraten in den Jahren 2003 bis 2007 (2007 7,7 %) rechnet das Auswärtige Amt für 2008 mit einem erheblich geringerem Wachstum, zumal sich die Tigerstaaten zunehmend auf Konkurrenz des sich rasant entwickelnden großen Nachbarn Chinas ausrichten müssen und an bzw. mit ihm ihre Wirtschaftstruktur anpassen. So investiert beispielsweise Singapur erhebliche Summen in ausgewählte Zukunfts- und Spitzentechnologien (Halbleiter, IT, Gen- und Biotechnologie) sowie in den Bildungs- und Forschungssektor. Für Hongkong geht man nach Jahren des Wachstums von 8 % und mehr nun von einem geringen Wachstum von nur noch vier bis fünf Prozent aus. Bei 3,2 % Arbeitslosigkeit hätten derzeit viele Branchen Schwierigkeiten, ihren Personalbedarf zu decken. Ein Problem sei allerdings die Inflationsrate von über 6 % (Auswärtiges Amt).

Es zeichnet sich also ein tendenziell ähnliches, nämlich globales Bild ab. Die Asiatischen Tiger haben ebenso wie der Keltische Tiger und viele anderen Staaten mit der internationalen Weltwirtschafts- und -finanzkrise zu kämpfen. Wie jeder einzelne diese übersteht, kann derzeit wohl nur szeniert werden.

7 Literatur

JÄGER, Helmut (1990): Irland. Eine geographische Landeskunde (Wissenschaftliche Länderkunden Band 34); Wissenschaftliche Buchgesellschaft Darmstadt

KULKE, Elmar (2004): Wirtschaftsgeographie; UTB Schöningh Paderborn

MÜLLER, Martin (1999): Regionalentwicklung Irlands. Historische Prozesse, Wirtschaftskultur und EU-Förderpolitik (Mitteilungen der Geographischen Gesellschaft in Hamburg); Franz Steiner Verlag Stuttgart

PFENNIG, Annett (2007): Strukturpolitische Instrumente im Vergleich zwischen „Keltischer Tiger" Irland und „Lahme Ente" Ostdeutschland (Beiträge zur europäischen Integration aus der FHVR Berlin); Fachhochschule für Verwaltung und Rechtspflege Berlin

SCHRÖDER, Christoph (2005): Weniger Armut durch mehr Wachstum? Der irische Weg zur Bekämpfung der Armut (Analysen: Forschungsberichte aus dem Institut der deutschen Wirtschaft Köln Nr.13); Deutscher Instituts-Verlag GmbH Köln

Statistisches Bundesamt [Hrsg.] (2006): Statistisches Jahrbuch 2006. Für das Ausland; Wiesbaden

Internet
1. Auswärtiges Amt: http://www.auswaertiges-amt.de/diplo/de/Laenderinformationen/01-Laender/Irland.html Abruf: 26.12.2008
2. Spiegel-Online: http://www.spiegel.de/wirtschaft/0,1518,602152,00.html Abruf: 24.01.2009
3. http://www.cso.ie/releasespublications/documents/statisticalyearbook/2008/Statistical%20Yearbook%202008%20for%20web%20complete.pdf Abruf: 24.01.2009 Download: Statistical Yearbook of Ireland 2008: Stationery Office Dublin (englische Version)